AF581396

Prix : 30 cent.

LA

VIE CHAMPÊTRE

SÉRIE DE LECTURES MANUSCRITES

(MORALE ET AGRICULTURE)

A L'USAGE

Des écoles primaires, des classes élémentaires et des cours d'adultes

PAR

M. TH. LEROY

PREMIÈRE PARTIE

1. Devoirs généraux du cultivateur.
2. Devoirs du fermier envers le maître.
3. Devoirs du domestique de ferme.
4. Hygiène de la maison.
5. Hygiène des étables. Aération.
6. Hygiène des étables. Propreté.
7. Achat des bêtes bovines. La race.
8. Achat des bêtes bovines. Age et vices rédhibitoires.
9. Régime des bêtes à cornes.

PARIS

LIBRAIRIE CLASSIQUE D'EUGÈNE BELIN

RUE DE VAUGIRARD, 52.

1869

LA

VIE CHAMPÊTRE

SÉRIE DE LECTURES MANUSCRITES

(MORALE ET AGRICULTURE)

A L'USAGE

Des écoles primaires, des classes élémentaires et des cours d'adultes

PAR

M. TH. LEROY

PREMIÈRE PARTIE

1. Devoirs généraux du cultivateur.
2. Devoirs du fermier envers le maître.
3. Devoirs du domestique de ferme.
4. Hygiène de la maison.
5. Hygiène des étables. Aération.
6. Hygiène des étables. Propreté.
7. Achat des bêtes bovines. La race.
8. Achat des bêtes bovines. Age et vices rédhibitoires.
9. Régime des bêtes à cornes.

PARIS

LIBRAIRIE CLASSIQUE D'EUGÈNE BELIN

RUE DE VAUGIRARD, 52.

1869

Un grand nombre d'Instituteurs des Écoles rurales ont exprimé le regret de n'avoir à leur disposition aucun livre suffisamment élémentaire, qui traite de la morale et de l'agriculture. En composant ces *Lectures manuscrites*, M. Th. Leroy a voulu venir en aide aux maîtres qui, chaque jour, s'efforcent de donner aux enfants des campagnes d'utiles notions sur les principaux devoirs et sur les occupations du cultivateur. Aussi n'est-il traité, dans ce petit livre, que de la vie agricole. Quand les enfants liront ces pages, ils en garderont la mémoire, car rien de ce qu'elles contiennent ne leur est étranger.

Les quatre cahiers renferment : des leçons de morale faciles à retenir, des notions fort utiles sur l'hygiène des animaux domestiques, sur le code rural et les lois qui régissent la profession du cultivateur, etc. L'enseignement est simple et aussi précis que possible. Rien qui soit inutile aux habitants des campagnes.

Enfin, les *Lectures manuscrites* ont été gravées avec le plus grand soin, c'est-à-dire que les difficultés apparaissent *graduellement* et de façon que l'élève ne se rebute jamais. Beaucoup de maîtres pensent (et l'auteur est de leur avis) que c'est perdre son temps que de fatiguer les enfants par la lecture d'un texte indéchiffrable.

SAINT-CLOUD. — IMPRIMERIE DE Mme Ve BELIN.

Premier Cahier.

Lecture 1.

Devoirs généraux du Cultivateur.

1. Quand l'aube vient, cultivateur, lève-toi pour aller au travail. La diligence est le premier devoir du laboureur.

2. Ne dis donc pas : "Le soleil n'est pas levé," ou : le voisin n'a pas encore quitté sa maison, et j'ai le temps de me rendre au labour." Mais devance le soleil et le voisin. - Pense avant tout à tes récoltes.

3. Car c'est le soleil qui éclaire ta moisson, qui la dore et qui la mûrit; mais c'est Dieu qui ordonne les mouvements de la terre et commande les rayons du soleil. Et Dieu veut que tu travailles, non pas sans souci du lendemain, mais que ces récoltes soient le résultat d'un labeur journalier; depuis le semis jusqu'à la gerbe, tu dois accomplir ton œuvre à la sueur de ton front.

4. Ne t'inquiète donc pas du voisin, et, la récolte venue, garde-toi de dire : "Mes soins ont été plus attentifs que ceux des autres cultivateurs, et mieux qu'eux je sais conduire les labours et répandre les semences." C'est l'orgueil qui parle ainsi : l'orgueil qui perd l'homme et le ruine. Mais

quand le succès a répondu à tes soins et que chacun s'émerveille devant tes granges pleines et tes troupeaux bien entretenus, réponds à ceux qui te louent : « J'ai semé et labouré, mais l'année a été bonne : le Seigneur a béni la moisson. »

5. Sois juste et doux envers toutes les créatures. As-tu des domestiques de ferme ? Laisse-leur le repos du dimanche, car il n'est pas bon que l'homme en soit réduit à ce point de fatiguer sans relâche, et de demander, sans l'obtenir, un jour de repos.

6. - Mais ne mène jamais ta famille ou tes domestiques au cabaret. C'est là faire du dimanche un mauvais emploi et le chef de famille doit à son monde le bon exemple. Que penser du cultivateur qui s'enivre et dépense en boisson le meilleur de son gain ? Aller au cabaret le dimanche, c'est préparer une mauvaise semaine. Le lundi, tu regretterais l'argent dépensé et tu serais sans force pour le travail.

7. Il est vrai que tu entends dire parfois, que le vin réjouit l'homme, et qu'on ne peut, sans distractions, user sa vie, ni demeurer à l'attache comme les bœufs de l'étable. Est-ce une fête qu'il te faut et veux-tu te réjouir avec tes amis. Assemble-les chez toi et régale-les dans ta famille. Ainsi ta femme et tes enfants profiteront de ce bien-être, et aussi tes serviteurs.

8. Evite donc le cabaret. C'est le lieu des mauvais propos, ou, tout au moins, des conversations oiseuses. Va plutôt voir ton champ,

examine les semis et les greffes, réfléchis aux choses que tu as faites dans la semaine et à tout ce qu'il te reste à faire encore.

9. Sois doux envers les animaux. Ils te servent et sont tes compagnons de travail. Mais ne retiens pas ta main levée sur eux, parceque la loi punit les mauvais traitements envers les animaux, ou parce qu'un coup brutal les blesserait et diminuerait leur valeur. Sois bon pour eux, uniquement par amour du bien. Car nous sommes ici-bas pour bien agir, dans les petites choses comme dans les grandes, et ce n'est ni la crainte de la loi humaine, ni le respect des intérêts humains qui doit dominer notre conduite. Imiter Dieu, la souveraine bonté, tel est notre devoir.

10. Quand tu acquiers la certitude que le voisin t'a nui ou t'a voulu nuire, ne cherche pas à tirer vengeance de cette conduite. Mais examine d'abord si par actions ou par paroles, tu ne lui aurais pas donné l'exemple des mauvais procédés; et si tu as eu le premier tort, fais au plus tôt la paix. - N'as-tu rien à te reprocher? Expose doucement au voisin le chagrin que te cause sa conduite, et tends la main à ton ennemi.

11. - Evite surtout les procès. - Aller en justice, débattre des intérêts minimes, c'est perdre du temps et de l'argent et se créer

de nombreux soucis. Regarde autour de toi ! Vois-tu beaucoup de cultivateurs enrichis par les procès ? Pas un seul, à coup sûr. Attache-toi donc à la douceur et n'entre jamais en lutte avec les autres cultivateurs. Tous vous travaillez sous l'œil de Dieu, vous êtes les serviteurs d'un seul maître ; vous êtes tous frères.

12. Ne regarde pas le succès d'autrui d'un œil jaloux, ou ne ris pas méchamment du malheur qui atteint le voisin, car que sais-tu ce que te réserve l'avenir ? Et quand le malheur viendra pour toi, où trouveras-tu appui et compassion si tu t'es montré inhumain ? Rends au contraire service quand tu peux, autant que tu peux et Dieu qui voit les actions des hommes bénira tes travaux et te donnera prospérité.

13. Habitue-toi de bonne heure à la propreté : elle entretient la santé et la beauté du corps. Elle disposera en ta faveur l'opinion de tes semblables.

Sais-tu pourquoi les hommes respectent plus volontiers l'homme de labeur qui prend soin de sa personne ? C'est qu'il faut du courage pour être propre ; car, s'il est facile, après un dur travail, de se livrer au repos sans souci du désordre de sa personne, il faut un effort, au contraire, pour ajouter une fatigue de plus aux fatigues de la journée. La propreté, chez le travailleur, est donc un signe de fierté et d'énergie, et voilà pourquoi elle a été appelée une demi-vertu.

Imite donc le paysan anglais. Il est propre et il veut que les siens soient propres ; il veille à ce que sa maison soit nette et ses meubles reluisants. Cependant il exécute les mêmes travaux que le paysan français. Comme ce dernier, il remue le fumier, nettoie les étables et panse les bêtes. Tout cela néanmoins, ne le dispense pas des soins les plus minutieux de la propreté.

14. – Songe aussi à embellir ton âme. Si, étant jeune, tu as fréquenté l'école, donne quelques moments à la lecture des livres utiles, de ceux qui, par exemple, traitent de la morale et de l'agriculture. L'homme qui sait lire et ne profite pas de sa science, ressemble à un fermier qui posséderait un sac de blé et mettrait au grenier cette semence durant toute sa vie, au lieu de la confier à la terre qui lui en rendrait dix fois autant. Mais rejette les lectures futiles : elles fatiguent l'esprit et le corrompent. Là aussi, recherche seulement le bien.

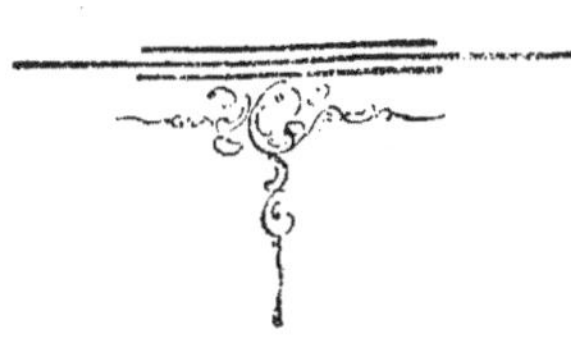

Lecture 2.

Devoirs du fermier envers le maître.

15. Es-tu fermier, ou moyennant un salaire quelconque, fais-tu valoir une terre ? Sois scrupuleux à l'excès dans tes rapports avec le maître. Tiens à honneur de rapporter au possesseur du domaine un beau bénéfice ; dans ce but, donne tous tes soins à la terre qui t'est confiée.

16. – Quand un employé reçoit de son patron une somme d'argent pour un usage déterminé, s'il la dissipe en partie et ne rapporte pas au maître tout ce qui devait lui revenir il perd l'estime des honnêtes gens. On dit que cet employé a abusé de la confiance de son chef et qu'il a commis une lâcheté.

17. Que dire alors de la conduite d'un fermier qui, ayant la surveillance de maisons, de terres et de troupeaux, ne prend pas les intérêts de son maître ? N'est-il pas vrai qu'il abuse de la confiance de celui-ci, puisque chaque journée mal employée cause un préjudice au propriétaire de la métairie ? Un fermier négligent n'est donc pas un honnête homme. Il essaiera peut-être de se tromper sur ses devoirs, en disant qu'il est peu payé, que le maître gagne beaucoup et qu'il en fait assez pour l'argent qu'on lui alloue : mais sa conscience est là, qui l'avertit de ses manquements. Il a agi comme l'employé infidèle, il a commis une lâcheté.

18. Il en est de même du cultivateur qui, aux termes de ses conventions avec le maître, doit remettre à ce dernier la moitié des bénéfices produits par le fermage. Le maître fournit la terre et le laboureur son travail. Tous deux sont associés. Seulement, c'est le laboureur qui cultive le sol, opère les ventes des denrées et des bestiaux et qui rend les comptes. Or le maître a confiance en lui, et d'ailleurs, ne pourrait à chaque instant s'assurer de la bonne foi de son fermier. Celui-ci commet donc un vol, s'il ne fait pas loyalement le partage des bénéfices.

19. Tu n'imiteras point le fermier infidèle, mais tu diras : « Je travaille chaque jour sans relâche, mais je n'ai droit qu'à une seule part des bénéfices. Mon labeur est dur, mon gain minime ; cependant je dois tenir ma parole, être un honnête homme dans toute l'acception du mot. Si aujourd'hui je retenais même un centime de l'argent du maître, je serais un misérable, ayant trompé celui qui a mis en moi sa confiance. Certes la vie du paysan a ses chagrins et ses fatigues, mais j'ai accepté cette existence, et je ne veux pas, pour un peu d'argent mal acquis, marcher la tête basse et ne plus mériter la protection de Dieu. »

Lecture 3.

Devoirs du domestique de ferme.

20. Si tes parents, avant de t'établir fermier, t'envoient comme domestique dans une métairie voisine, sois ménager de l'argent de ton maître, regardant ses intérêts comme les tiens.

21. _ Ainsi, ne maltraite pas les animaux qui sont sous ta garde. D'abord, ce sont des créatures utiles, et, le plus souvent, douces et reconnaissantes; ensuite, tu n'as sur elles aucun droit. Elles sont la propriété du maître et il ne t'appartient pas de gâter son bien.

22. "Mais, diras-tu, ces animaux sont indociles. Les chevaux, par exemple, obéissent difficilement; ils ont besoin d'être corrigés et même d'être menés durement." _ Es-tu bien sûr, avant de les frapper, que tu t'es fait comprendre par eux? Et si tu as mal commandé, si c'est à toi que revient la faute, pourquoi faire expier aux animaux ton propre tort? Il est le plus souvent inutile de frapper les chevaux pour s'en faire obéir; chez certaines nations même, on ne se sert jamais du fouet à leur égard. Ainsi l'Arabe ne bat jamais sa monture, et si le cocher russe fait claquer son fouet en conduisant son attelage, c'est pour exciter le cheval et non pour le menacer. Imite donc ces usages. La vie des animaux domestiques, telle que l'homme l'a faite, n'est qu'un long esclavage, et c'est

agir en bourreau que de torturer des êtres déjà esclaves.

23. – Sois sobre pour être fort et patient, car l'ivresse affaiblit l'homme et l'abrutit. Tu rechercheras donc, le dimanche venu, les amusements honnêtes, afin d'être courageux et dispos pendant la semaine. Et tu exécuteras fidèlement les ordres qui te seront donnés, que le maître assiste ou non à ton oeuvre. Car, s'il ne te surveille pas, c'est une marque de confiance qu'il te donne, et, loin de profiter de ce répit en t'abandonnant à la nonchalance, tu dois accomplir ton devoir avec plaisir. Agis donc toujours comme si tu étais sous l'œil des hommes. Dieu qui voit tout, saura récompenser le serviteur fidèle.

24. Si l'on te demande conseil, donne franchement ton avis, sans t'attacher à flatter les passions de celui qui t'interroge, sans caresser les petites faiblesses du maître, et si quelque chose se passe en ta présence qui ne soit pas irréprochable, n'y applaudis pas, car tu manquerais à l'honnêteté.

25. N'espionne pas les actions du maître, c'est lui manquer de respect et t'avilir. Ne ris pas de lui en secret ou publiquement, et ne raconte pas dans le village ce que tu as vu ou entendu dans sa maison, car on méprise les domestiques qui agissent de la sorte, et c'est là leur première punition. Si tu sais être bon domestique, tu sauras commander un jour et tu trouveras des serviteurs fidèles quand tu seras devenu fermier. Car la justice appelle la justice et celui-là aura une heureuse vieillesse, qui, étant jeune, s'est appliqué à devenir homme de bien.

Lecture 4.

Hygiène de la maison.

26 Que ta maison soit exposée au soleil levant et située sur une élévation de terrain. La toiture sera de tuiles ou d'ardoises et non de chaume ; car dans la paille habitent les vers et les insectes ; le chaume, tantôt desséché par le soleil et tantôt humecté par les pluies ne tarde pas à pourrir. De là l'humidité puis des exhalaisons insalubres, autant de causes de fièvres pour les habitants de la ferme.

27. Opère chaque année le curage de la mare voisine de ton habitation : beaucoup de fièvres intermittentes n'ont d'autre cause que le voisinage d'un abreuvoir malpropre.

28. Le cultivateur ne peut, il est vrai, choisir ou construire à sa guise le logement qu'il habite, ou même le disposer comme il conviendrait à ses besoins et à ceux de sa famille. Sa maisonnette n'est, le plus souvent, qu'une étroite demeure, composée d'un rez-de-chaussée que surmonte un grenier, et, rarement, ce rez-de-chaussée est bâti sur cave. Aussi la ferme est malsaine. Dans ce cas, le premier soin du père de famille intelligent doit être l'assainissement de sa demeure. Carreler le sol, cimenter les interstices qui séparent les briques les unes des autres, substituer à la toiture en chaume une couverture en tuiles : tel est son devoir.

29. Jamais il ne dira : "Mon père et mon grand père ont vécu dans des logis pareils à celui-ci et ne s'en sont pas mal trouvés. Je ferai comme eux et mes enfants suivront mon exemple." C'est la routine et l'ignorance qui parlent de la sorte, deux grandes causes de malheurs parmi les hommes. - Certes, cultivateur, tes aïeux étaient mal logés, plus mal que toi encore. Ils vivaient sous des huttes et nourrissaient à grand'peine une vache maigre, et les corvées, les vexations qui les accablaient étaient si nombreuses, que leur existence n'était qu'une suite non interrompue de misères et de privations. T'accommoderais-tu d'un pareil genre de vie ? Non, assurément. Laisse donc là cette ridicule excuse et applique-toi à faire, en toutes choses, mieux que tes devanciers.

30. Considère d'ailleurs que l'honnête homme n'est jamais égoïste. Etre égoïste c'est, principalement, ne pas voir les souffrances d'autrui, quand soi-même on ne souffre pas. Or, si grâce à ta santé plus robuste, tu supportes de vivre dans une maison insalubre, réfléchis que ceux qui t'entourent, ta femme et tes enfants par exemple, peuvent y devenir malades. Et quand ils dépérissent, minés par la fièvre, es-tu bien sûr que leur mal n'a pas eu pour cause première l'insalubrité de cette habitation. Interroge le médecin, il te dira de quelle importance est, pour l'homme, d'occuper un milieu bien aéré !

31. Si quelqu'un des tiens est souffrant consulte le

médecin et n'appelle point un guérisseur, comme on le fait souvent à la campagne. Le guérisseur n'est pas plus savant que toi. Tous deux vous ignorez la nature des maladies et la structure du corps humain. Seulement il persuade aux paysans qu'il possède d'infaillibles secrets, et c'est son bavardage qui constitue sur toi toute sa supériorité. Ta crédulité fait sa réputation.

32. Si ton horloge avance ou retarde dans l'indication des heures, n'est-il pas vrai que tu la porteras à l'horloger pour qu'il la mettre ou la répare ?, et si tu as un procès, ne consulteras-tu pas un avocat, un notaire, ou même le juge de paix ? Tu sais qu'en t'adressant à eux tu obtiendras ce que tu désires. Ils n'ont point de secrets, mais l'horloger a fait son apprentissage, il a servi comme apprenti, puis il est devenu ouvrier et patron ; il a étudié enfin, le mécanisme des horloges. De même les hommes de loi ont étudié le Code, ils connaissent la procédure, et c'est pour cela que tu as confiance en eux. Comment donc es-tu assez imprudent pour t'adresser à un ignorant qui se dit guérisseur, au lieu de consulter le médecin qui, lui aussi, a étudié ? Ta santé n'est-elle donc pas de plus de prix que tout le reste, et n'est-ce pas le premier des biens ? Ne néglige donc pas de faire intervenir le médecin aussitôt que cela est nécessaire, car si la maladie t'enlève un des tiens, quels graves reproches n'auras-tu pas à t'adresser, toi, père de famille, si tu n'as pas fait en conscience tout ce que la prudence et l'amitié exigent en pareil cas ?

Lecture 5

Hygiène des étables. - Aération.

33. Il n'est rien tel que l'œil du maître.

Aussi pour surveiller sa petite colonie, l'agriculteur a besoin d'avoir sous la main serviteurs et bestiaux. Les étables seront donc voisines de l'habitation du maître.

34. - Elles seront spacieuses, c'est-à-dire que tu n'y entasseras point les animaux en leur mesurant l'air avec parcimonie. Souviens-toi que le bœuf a, comme l'homme, besoin d'un air sans cesse renouvelé. Il lui faut, en conséquence, un logis sain, bien éclairé, défendu contre l'humidité et le froid, et dans lequel aussi il puisse respirer à l'aise.

35. Tu diras, je le sais bien, que le paysan n'est pas toujours le maître de choisir son domaine. Certaines fermes ont de belles étables, d'autres des étables basses, étroites, mal éclairées par le soleil; enfin, dans la plupart des fermes, elles ne sont point pavées et le sol en est d'une humidité constante.

36. Cela est vrai, mais il appartient au cultivateur

intelligent d'améliorer toutes les parties de l'héritage qui lui est confié ; et il y a autant de raisons d'assainir les logements des animaux que de fumer les champs, les épierrer ou les drainer.

37. Il ne suffit donc pas de dire : "Telle chose est mauvaise, mais ce n'est pas moi qui l'ai faite." Mais il y a lieu de considérer quel est le mal, d'où il provient et comment l'on peut y apporter remède.

38. Pour que tes étables soient vraiment saines, il faut que le sol n'en soit pas humide. Observe donc si la litière ne pourrit pas trop promptement sous les pieds des bêtes bovines. Tu pourrais alors faire paver l'étable, ou même la carreler au moyen de briques placées sur côté et cimentées. Mais de telles améliorations sont pour toi, petit cultivateur, trop coûteuses sans doute, et tu recherches d'abord l'économie.

39. Dispose alors, en pente douce, le sol des étables, afin que le purin s'écoule vers un petit ruisseau qui le recevra, et, sur ce sol ainsi disposé, étends une couche de <u>mâchefer ou résidu ferreux</u> que le charbon de terre laisse, en brûlant, dans les fourneaux des forgerons. Ce produit ne coûte rien et il est aisé de le broyer et de l'étendre sur le sol. Au-dessus de cette couche, applique en manière de couverture,

une certaine quantité de pierre tendre bien pilée. Tu tasseras ce mélange, et au-dessus sera la litière. Grâce à ce procédé, tu obtiendras, au lieu d'un plancher boueux, un sol résistant, moins humide et partant plus sain. Les balayages journaliers en diminueront chaque jour l'épaisseur, tu dois le prévoir, mais une demi-journée de travail te suffira, tous les six mois, pour restaurer à peu de frais, et par les mêmes moyens, le sol des étables.

40 - De même, il arrive souvent que le constructeur d'une ferme a, pour économiser l'espace et le terrain, donné au plafond trop peu d'élévation; de sorte qu'en été et bien que les portes soient ouvertes, les bêtes bovines étouffent de chaleur; et qu'en hiver elles ont froid si l'on essaye de renouveler l'air de leur logis en ouvrant les portes ou les fenêtres. Il est aisé de remédier à cet inconvénient.

41. - Remarque, par exemple, qu'on respire à l'aise dans une chambre où, comme moyen d'aération, il existe une cheminée et une fenêtre. C'est que la cheminée fournit un <u>tirant d'air</u>, <u>un appel d'air</u>, et que l'air se renouvelle surtout de bas en haut. Construis donc toi-même, un appareil très-simple, au moyen de quelques planches de bois blanc. Ce sera, si tu

le veux, une imitation de la figure ci-contre.

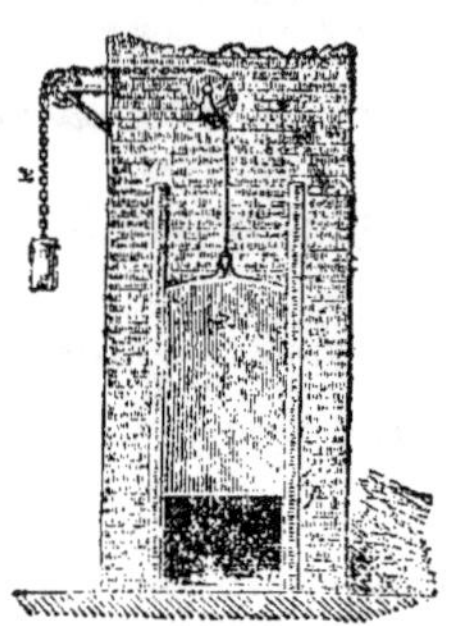

Tuyau de Ventilation.

42. – Le long du mur, à l'extrémité de l'étable, montera un long tuyau de bois, disposé au moyen de planches jointives. Il sera ouvert par le haut et par le bas. Il prendra jour à son extrémité inférieure, à un mètre du sol, et, traversant le plafond, s'élèvera jusqu'à la toiture. Au moyen d'un couvercle se rabattant ou se relevant à volonté, tu fermeras ce tuyau à son extrémité inférieure si tu juges que l'atmosphère est froide; de même tu l'ouvriras si tu veux donner de l'air.

43. En agissant ainsi, tu assainiras tes étables; et ces travaux, tu peux les exécuter toi-même et à peu de frais.

Lecture 6.

Hygiène des Étables. - Propreté.

44. Il ne suffit pas que les étables soient vastes et bien aérées. Certes, si tu as rempli ces conditions, tu as fait beaucoup pour les animaux, mais il reste beaucoup à faire encore.

45. A quoi sert d'avoir sous la litière un sol ferme et résistant, qui laisse s'écouler en pente douce l'urine des animaux, si sur ce sol, tu laisses, à dessein, pourrir la litière ? Tu crois gagner du temps et de l'argent en abandonnant sous les pieds des animaux la paille en putréfaction, et en ne la renouvelant que le plus tard possible. C'est là un un mauvais procédé et une sotte économie.

46. La paille fermente, dis-tu, et le fumier se fabrique sous les pieds des bêtes bovines. - Le fumier se prépare, il est vrai, à l'étable, mais c'est dans la fosse qu'il se fabrique. Là, les pailles et les eaux se mélangent et produisent l'engrais, et il est stupide de vouloir que des animaux forts et vigoureux vivent au milieu des ordures et dans une humidité constante, respirant sans cesse des vapeurs âcres et nauséabondes.

47. - Les bœufs malproprement tenus sont affectés de maladies nombreuses, et quand une épidémie se manifeste dans un canton, tiens pour certain que le cultivateur négligent verra son troupeau décimé par la maladie - En temps ordinaires, ses

bêtes bovines seront affectées des maladies suivantes :

Tantôt apparaîtront, aux extrémités postérieures des animaux, à la hauteur des paturons, par exemple, des boutons d'où suinte une humeur visqueuse et fétide. Le pied s'engorge alors, et des ulcères surviennent, difficiles à guérir. Parfois, c'est entre les ongles que ces plaies se manifestent. Souvent même les animaux deviennent dartreux, leur peau tachée s'écaille par places. De tels accidents sont dus à l'ignorance ou à la paresse du Cultivateur.

48 - Quand tu vois naître ces affections, tiens pour certain que le possesseur du troupeau a manqué de soin. Cela est si vrai, que ces mêmes bêtes ne tardent pas à éprouver une amélioration sensible, une fois pansées convenablement. La première condition qu'exige d'ailleurs le vétérinaire en cette occurrence, c'est que les bêtes bovines mieux traitées reposent sur la litière sèche.

49. - Tu entendras peut-être dire autour de toi que la paille coûte cher et qu'on ne peut renouveler plus souvent la litière des étables. Ce raisonnement est sans valeur, car les champs et les arbres fournissent les matériaux d'une litière abondante. Des fougères desséchées, des bruyères et des feuilles peuvent suppléer la paille et ces substances donneront ensuite un excellent fumier

50. - Considère que tous les animaux ont besoin de propreté. - Le chat fait chaque jour sa toilette, le chien se roule dans l'herbe et la rosée pour lustrer son pelage et chasser la vermine. Tu reconnais si bien cette loi

de propreté à laquelle obéissent les êtres, que chaque jour tu prends la brosse et l'étrille, pour peigner le cheval et la jument. — Pourquoi ne pas agir de même à l'égard des bêtes bovines : N'en ont-elles pas besoin ? Regarde-les au milieu du pâturage et vois comme elles se frottent, appuyées contre l'écorce des arbres. Leur épaisse encolure ne leur permet pas de mieux parfaire leur toilette, de se lécher comme le chat, ou de se rouler comme le chien, mais quelles leçons ne te donnent-elles pas, Cultivateurs négligents !

51. Donne-donc aux bêtes bovines les mêmes soins de propreté qu'au cheval. Panse-les au retour du travail, bouchonne leur pelage, comme le palefrenier du riche brosse le cheval de luxe qui lui est confié. Lave-les chaque jour, c'est le meilleur moyen de prévenir les maladies de la peau et observe comme sous ta main les animaux se remuent de plaisir ! Aucun soin n'est méprisable, et il ne faut pas que le connaisseur, en voyant passer ton troupeau, admire seulement la conformation et les signes de la race, mais qu'il s'écrie : Les belles bêtes, et que diligent est leur fermier !

Lecture 7.

Achat des bêtes bovines. — La race.

52. As-tu de beaux pâturages? Alors tu peux nourrir des bœufs d'engrais. Tu les choisiras âgés de 4 à 5 ans, n'ayant pas travaillé, ou, du moins, ayant peu peiné sous le joug. Ils seront de petite taille, le corps long, la peau souple, le poil lisse, les formes arrondies. Prends-les, si tu veux, d'une grande taille, mais observe que, pour toi, petit cultivateur, ils seront d'une nourriture plus difficile et par conséquent, d'un développement plus lent.

53. Est-ce un bon bœuf de travail qu'il te faut? — Achète une bête à poitrine profonde, ayant le fanon pas trop grand mais étendu entre les jambes. Il aura le garrot plein, les côtes rondes, la tête de moyenne grandeur. Il sera bien campé et comme assis sur ses jarrets.

Bœuf d'engrais.

54. — Une bonne vache laitière a le pis volumineux, les veines

laitière grosse, la poitrine ample, la tête petite, la charpente osseuse mais bien conformée. Son regard est caressant, sa corne fine, sa peau souple et maniable, son poil lisse.

55 _ Mais quand tu achètes une vache laitière, souviens-toi que le marchand use parfois de ruse, et, voulant faire passer pour bonne une vache qui ne l'est pas, s'abstient, durant les deux jours qui précèdent le marché, de traire l'animal qu'il met en vente. Le pis est alors gonflé et volumineux. En t'assurant par le toucher qu'il n'y a point eu de fraude: si le pis est dur et te paraît distendu, si la peau manque de souplesse, garde-toi de conclure le marché.

Vache laitière.

56_ Choisis de préférence la vache de race bretonne. Elle est de petite taille, mais c'est une bonne laitière. Elle n'excède guère un mètre de hauteur, mais elle est élégante sous sa robe pie-noir. Elle prospère partout, sachant vivre sur les plus maigres pâturages et fournissant à l'éleveur presque un litre de lait par kilogramme de foin qui lui est donné comme nourriture.

Lecture 8.

Achat des bêtes bovines. Vices rédhibitoires.

57. Il ne suffit pas de distinguer les qualités du sujet que l'on achète : en distinguant à quelle race il appartient, il faut aussi reconnaître son âge.

58. L'âge des bêtes à cornes se reconnaît à l'examen que l'on fait de leur dentition. Il est des cultivateurs qui prétendent dire l'âge des bœufs en l'évaluant sur le plus ou moins grand nombre de cercles que présentent les cornes. Tu ne t'attacheras point à ces signes, car ce calcul des cercles des cornes donne des résultats très-variables. Examine seulement les dents.

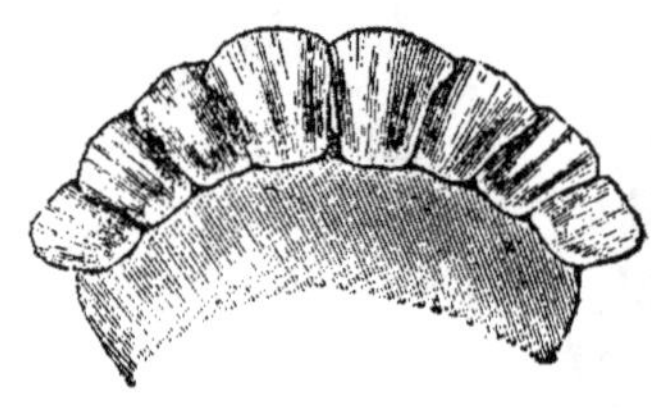

Huit dents d'adultes

59. – Âgées de cinq ans, les bêtes bovines ont huit grosses dents, qu'on nomme dents d'adulte ; ce sont les dents placées à la partie antérieure de la mâchoire, ou, comme l'on dit, au devant de la bouche.

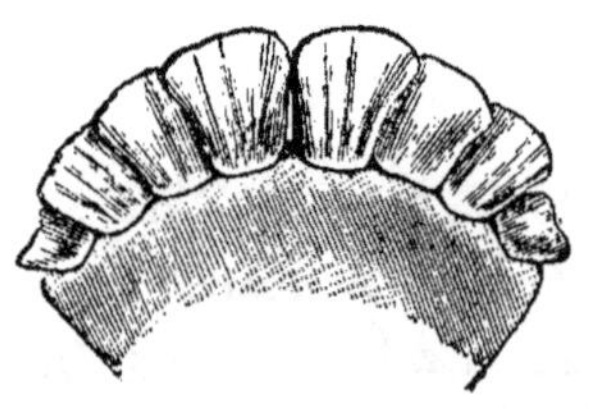

Six dents d'adultes et deux dents de lait.

60. – A quatre ans, six de ces dents d'adultes apparaissent seulement, c'est à dire qu'il leur reste encore deux dents de lait

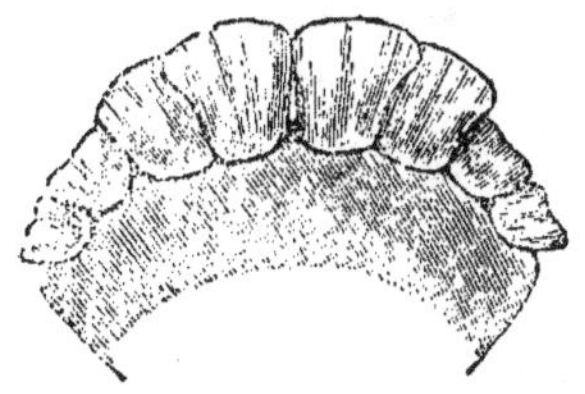

Quatre dents d'adultes et quatre dents de lait.

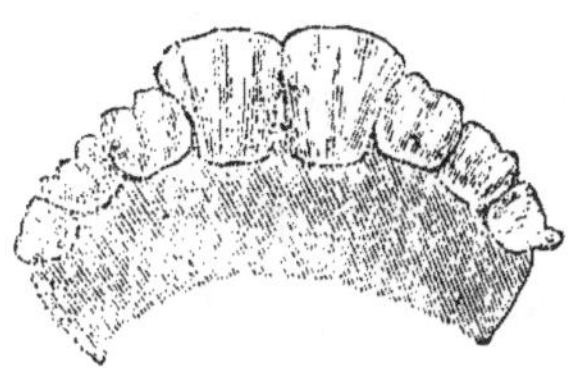

Deux dents d'adultes et six dents de lait.

61. A trois ans, elles n'ont que quatre grosses dents, et par conséquent on voit encore quatre dents de lait.

62 A deux ans, les dents d'adulte ou grosses dents sont au nombre de deux seulement, l'animal possède alors six dents de lait.

63. De un mois à deux ans, on voit donc en général, toutes les dents de lait, et ce n'est guère que vers l'âge de 18 mois que se montrent les grosses dents.

64 Observe donc ces signes, au lieu de t'en remettre à la parole du marchand qui, trop souvent, ne cherche qu'à tromper, ayant intérêt à se défaire de bestiaux âgés et incapables de rendre de bons services.

65. Mais il peut aussi se rencontrer que, malgré ton attention à examiner l'animal que tu achètes, le vendeur aura réussi à te duper, en te livrant comme saine une bête malade. Souviens-toi que pendant neuf jours, le marchand est <u>garant</u> de l'animal vendu; c'est-à-dire que tu as le droit d'exiger le remboursement du prix de la vente, si les bestiaux acquis par toi viennent à mourir dans les neuf jours qui ont suivi le marché. Mais en pareil cas, ton affirmation ne suffit pas pour obtenir la résiliation de cette vente, et pour établir

ton droit, il faut :

1°. Informer le Juge de Paix du Canton,

2° Appeler un Vétérinaire.

66. – Le Juge de Paix entendra les explications et condamnera le vendeur au remboursement du prix de la vente. Le vétérinaire, lui, examinera le corps de l'animal qui a succombé et délivrera un certificat attestant qu'il s'agit bien de telle vache et non de telle autre; il dira que cette bête était agée de tant d'années; que son pelage était de telle couleur; et ces formalités préviendront toute discussion.

67. – Aux termes de la loi, le vendeur est encore garant <u>des vices rédhibitoires</u>. Cela signifie que si le marchand de bestiaux t'a dissimulé certaines infirmités de l'animal vendu, tu peux également faire annuler le marché et réclamer le remboursement de l'argent que tu as versé.

68. Ces vices rédhibitoires sont au nombre de trois seulement, savoir :

1. Si la bête est poitrinaire.

Dans ce cas, elle a l'oeil terne, la respiration pénible et sifflante, et souvent elle est atteinte de diarrhée. Elle tousse et bave; elle <u>jette</u> des matières jaunes, si la maladie est à son début, bleuâtres si le mal a déjà fait de grands ravages.

2 Si

2. Si la bête est épileptique, c'est-à-dire sujette aux convulsions.

Dans ce cas, elle peut tomber sur le sol au moment où l'on s'y attend le moins; on la voit se rouler et se tordre, agitée de tremblements nerveux et elle répand par la bouche et les naseaux un liquide écumeux.

3° Si chez le marchand, elle a contracté, lors du vêlage, certaines infirmités.

Ces infirmités sont comme les précédentes, réputées incurables, c'est-à-dire qu'elles résistent à tous les remèdes. L'animal a la démarche pénible et ne supporte que très difficilement le travail. On dirait qu'il traîne avec soi un poids considérable.

69. Trente jours sont accordés pour reconnaître l'épilepsie ou convulsions; neuf jours seulement pour les autres vices rédhibitoires. Ces délais expirés, le marché ne pourrait être annulé.

70. Il conviendra donc qu'au retour du marché, tu sépares d'abord de ton troupeau les animaux que tu viens d'acquérir. Tu éviteras ainsi que les maladies contagieuses dont ils pourraient être atteints se communiquent aux autres bêtes de l'étable. Puis, tu les tiendras en observation

pendant les délais de rigueur qui sont fixés par la loi, examinant sans cesse leurs allures ; surtout, tu les soumettras dès les premiers jours à un travail peu fatigant, mais régulier. Tu verras alors comment elles se comportent sous le joug. Cette épreuve est la meilleure qui convienne pour reconnaître leur état de santé.

71. Donnent-elles des signes de maladie? Tu manderas le vétérinaire. Si la bête vendue est affectée d'un vice rédhibitoire, le vétérinaire rédigera un certificat et tu informeras le Juge de Paix, en demandant à ce magistrat que la résiliation de la vente soit prononcée. Il nommera, s'il le juge à propos, un expert chargé de s'assurer de la vérité, ensuite de quoi il appréciera s'il est juste que la vente soit annulée.

72. Garde donc en mémoire ces indications. Un bon fermier doit connaître toutes choses se rapportant à l'entretien des troupeaux.

Lecture 9.

Régime des bêtes bovines.

73. Le cultivateur intelligent sait, au premier coup d'œil, distinguer l'animal en bonne santé de celui qui est malade. Il fait chaque jour, sur ses bêtes bovines, de nouvelles observations : et l'expérience lui démontre, par exemple, à quels signes on juge de l'état de santé parfaite des bestiaux, du moins dans les cas les plus ordinaires.

74. Les bêtes bovines en santé, ont les naseaux rosés, frais et humides, la peau souple et maniable comme un gant, l'œil vif, le souffle égal. Elles ne toussent ni ne bavent et sont douées d'un appétit convenable. Le repas fait, elles se couchent les jambes repliées, ou si elles se tiennent debout, leur attitude n'a rien de triste. Dès que le maître entre à l'étable, elles se tournent vers lui, et si l'heure du repas est proche elles font entendre des beuglements pour manifester leur impatience. Mais leur digestion est calme et elles sont exemptes de diarrhée.

75. La bête malade, au contraire, a le mufle chaud, la peau dure, le poil sec et le regard terne. Elle refuse la nourriture et même s'écarte de la crèche. Quand elle est en proie à des coliques, elle se couche et se relève par saccades et comme en sursaut, avec des mouvements dénotant inquiétude et souffrance.

76. Les principales règles d'un bon élevage peuvent se ramener aux quatre conditions suivantes :

1° Régime doux ;
2° Nourriture variée ;
3° Propreté ;
4° Aération.

77. - 1° Régime doux. - Évite, garçon, par exemple, d'atteler les bœufs aussitôt qu'ils ont terminé leur repas, tu leur laisseras une heure et demie au moins de tranquillité parfaite pour accomplir ce qu'on appelle la rumination. C'est que les bêtes bovines ont plusieurs estomacs et que les herbages et racines qu'elles consomment pour leur nourriture ne sont pas suffisamment préparés par le seul fait d'avoir été mâchés par l'animal. Ces aliments, une fois avalés, doivent revenir après le repas une seconde fois dans la bouche et être enfin digérés. Ce travail est nommé rumination ; si tu le troubles, tu exposes les animaux à l'indigestion et à d'autres accidents.

178. - 2° Nourriture variée et régulière. - Les repas auront toujours lieu à des intervalles réguliers. La nourriture sera variée et suffisante. Durant l'hiver, par exemple, tu ne te contenteras pas de donner aux bœufs de travail de la paille et du foin, sous prétexte qu'en cette saison ils ne travaillent pas. Ces aliments peuvent, il est vrai, leur suffire, mais la nourriture des animaux, comme celle de l'homme, doit être variée. Donne-leur donc non seulement de la paille et du foin, mais aussi des racines, quelquefois un peu d'avoine. Comment veux-tu que le printemps les trouve pleins de vigueur et de santé, aptes aux travaux des champs, s'ils ont passé l'hiver enfermés et mal nourris ? Il ne faut jamais dire : « Plus tard je les nourrirai mieux. » Car le tempérament des êtres les plus robustes s'affaiblit par ces transitions d'une bonne à une mauvaise nourriture ; et quand, quelques années après, tu voudrais être fier de tes bœufs de travail, tu ne pourrais livrer aux bouchers que des sujets épuisés et rebelles à tout système d'engraissement. De même, si les repas ne sont pas réguliers, l'estomac des bêtes bovines se fatigue, et toute fatigue nuit à la production du lait et met obstacle à l'engraissement.

79. Nourris donc abondamment et régulièrement les animaux ; les vaches laitières surtout, et les bœufs à l'engrais. De bons herbages, des luzernes, du foin choisi, des racines coupées et du [illegible], voilà les éléments d'un bon régime. Le trèfle est aussi un excellent fourrage, mais ne l'administre jamais à l'état

sec. S'il n'est pas frais, mouille-le avant de le jeter dans la crèche. Car il est encore un préjugé contre lequel il importe de te mettre en garde : c'est que le trèfle vert gonfle les animaux et les ballonne. C'est le contraire qui est vrai. C'est donner aux bestiaux des matières sèches à digérer qui leur cause des digestions difficiles. Ces fourrages secs fermentent dans l'estomac et des vapeurs s'échappent qui distendent le corps de l'animal. De là, des coliques ou tranchées qui sont le plus souvent mortelles.

80. Mais il est un moyen de prévenir les mauvaises digestions. Mêle chaque jour aux fourrages quelques pincées de sel. Cette substance, par son action énergique sur l'appareil digestif, fait disparaître tout danger. Ne [illegible] pas cette dépense. La vache laitière ne donne un lait abondant et riche en matières butyreuses que si ses aliments sont convenables, et il vaut mieux ne posséder que cinq vaches en bon état que d'en avoir dix qui [illegible] mal soignées et rapportent peu de lait.

81. Et quant aux bœufs à l'engrais, rien ne favorise leur embonpoint comme le sel ajouté à la nourriture, puisque le sel aide à la digestion. Pour cela, comme pour tout le reste, observe les allures des animaux. S'ils passent auprès d'un vieux mur sur lequel l'humidité et le temps ont fait naître une couche de salpêtre, vite ils s'empressent de lécher les pierres. Cette saveur leur plaît donc.

82. Les bêtes bovines ont, comme l'homme, besoin de sel, de ces substances alcalines qui sont favorables à la digestion. Leur estomac est si sensible à l'action de ces substances, que tu vois ces animaux se désaltérer de bon cœur à la mare voisine de la ferme. Les eaux en sont quelquefois amères, mais elles sont alcalines. Offre-leur un seau d'eau de puits à la place de cette eau marécageuse et elles se détourneront avec dégoût. C'est que leur digestion n'y trouverait pas son compte.

83

83.– Propreté et aération. – Ces conditions sont indispensables à un bon élevage, ne l'oublie jamais. La paissance au grand air, dans les champs ou les prairies, voilà ce qui profite le mieux aux animaux. Des bêtes bovines au pâturage seront propres et joyeuses. Mais ne les attache pas à un pieu, pour leur faire paître en rond un espace déterminé. Cet usage est mauvais : il a pour résultat de changer en supplice ce qui devrait être une récréation, la paissance libre en plein air. Abstiens-toi néanmoins d'abandonner les troupeaux dans les endroits marécageux, l'humidité les rend faibles et malades ; ou ne les conduis point, au printemps, dans les bois ; les jeunes pousses dont les animaux sont friands, produisent le pissement de sang.

84. – Tu entendras quelquefois parler de contrées où le paysan tient à l'étable autant qu'il le peut, les bêtes bovines ? Mais ceux qui loueront devant toi cette coutume, négligeront sans doute de te dire que des animaux ainsi traités seront toujours malsains. On te dira encore que peu importe et que des vaches tenues à l'étable et nourries abondamment donnent beaucoup de lait ; mais les gens qui parleront ainsi ne t'avertiront pas que ce lait est maigre, et que, vienne une épidemie, et les troupeaux emprisonnés seront principalement ceux que décimera la maladie.

85. C'est que Dieu a bien fait toute son œuvre. Il a accordé aux êtres de la Création, les champs, l'air et l'espace, et il n'appartient pas à l'homme de vouloir réformer ses lois.

MÊME LIBRAIRIE.

Envoi franco au reçu du prix en timbres-poste.

DICTIONNAIRE CLASSIQUE UNIVERSEL, français, historique, biographique, mythologique, géographique et étymologique; par M. Th. Bénard, officier d'académie, chef de bureau au Ministère de l'instruction publique. *Nouvelle édition* (18°), *refondue et augmentée de 5,600 mots*. 1 vol. grand in-18, de 820 pages, cartonné solidement avec dos de toile anglaise. 2 fr. 60 c.

— *Le même*, relié en percaline anglaise, avec titre doré. 3 fr.

> Ouvrage approuvé par le Conseil supérieur de perfectionnement de l'enseignement secondaire spécial, et couronné par la Société pour l'Instruction élémentaire, qui a décerné à l'auteur la plus haute récompense :
>
> UNE MÉDAILLE D'ARGENT.

Atlas des écoles primaires, contenant dix-sept cartes coloriées, accompagné de notions de géographie et de questionnaires placés en regard des cartes, par le même. Petit in-4°, cart. 1 fr.

Les 89 départements de la France, publiés dans le format de l'*Atlas des écoles primaires*, présentant la topographie, les chemins de fer, les canaux, les centres de production, les villes industrielles, les lieux historiques, et un croquis géologique pour l'étude des terrains, avec texte explicatif sur les produits agricoles ou manufacturiers, etc., les personnages célèbres, etc. Prix de chaque département. 5 c.

Histoire de France abrégée, depuis les temps les plus anciens jusqu'à l'avénement de Napoléon III, à l'usage des élèves des classes élémentaires, des cours annexes des colléges et des écoles primaires; par le même. Sixième édition, corrigée. 1 vol. in-18, cart. 75 c.

Civilité chrétienne (petite), à l'usage des écoles primaires; par le même. Septième édition corrigée. 1 vol. in-18, cart. 30 c.

Civilité chrétienne (nouveau manuel de), contenant des anecdotes historiques pouvant servir d'exemples pour l'application des règles de la politesse, suivi d'un choix de modèles de lettres, à l'usage des institutions et des maisons d'éducation, des écoles primaires et des écoles d'adultes; par le même. Sixième édition corrigée. 1 vol. in-12, cart. 90 c.

Ouvrages approuvés par NN. SS. les archevêques de Paris et de Sens.

Petite Histoire de France, divisée en 22 leçons. Chaque leçon est précédée d'un *Résumé* historique et suivie d'un *questionnaire*, par M. H. Pigeonneau, professeur agrégé d'histoire au lycée Louis-le-Grand, auteur du *Cours complet de Géographie commerciale*. 1 vol. in-18, cart. 75 c.

Simples récits d'histoire de France. Chaque *Récit* est précédé d'un résumé historique. Nouvelle édition, par le même. 1 vol. in-12, cart. 1 fr. 60 c.

Les grandes époques de l'histoire ancienne, grecque, romaine et de l'histoire générale du moyen âge jusqu'en 1453; par le même. Seconde édition augmentée de *Résumés* historiques. 1 vol. in-12, cart. 1 fr. 80 c.

Géographie de la France. Tracé de la carte du département. Nouvelle édition, par le même. 1 vol. in-12, cart. 65 c.

Géographie des cinq parties du monde. Étude détaillée de l'Europe. Nouvelle édition, par le même. 1 vol. in-12, cart. 90 c.

Lectures variées sur les sciences usuelles, sur les grands phénomènes de la nature, sur les productions naturelles appliquées à l'industrie, et sur l'hygiène populaire, avec figures intercalées dans le texte; par M. Maigne. 1 vol. in-12, cart. 1 fr. 50 c.

André ou la ferme de Meylan, *l'agriculture expliquée aux enfants*, livre de lecture courante, *imprimé en gros caractères*, spécialement destiné aux enfants des écoles et des classes élémentaires dans les autres établissements d'instruction publique; par M. Jules Taulier, ancien chef d'institution de plein exercice, secrétaire perpétuel de l'Académie Delphinale. 1 vol. in-12, cart. 1 fr. 35 c.

Ouvrage adopté par la colonie agricole de Mettray (Indre-et-Loire).

La famille Morel, livre de lecture courante, *imprimé en gros caractères*, spécialement destiné aux enfants des écoles et des classes élémentaires dans les autres établissements d'instruction publique; par le même. 1 vol. in-12, cart. 1 fr. 35 c.

Lectures sur l'agriculture et la vie des champs (choix de), à l'usage des écoles primaires et des classes d'adultes; par Auguste Guy. 1 vol. in-18, cart. 75 c.

Ouvrage couronné par la Société pour l'instruction élémentaire et par la Société protectrice des animaux.

Tableau synoptique du système métrique, présentant les poids, mesures et monnaies en grandeur naturelle et coloriés, et un grand nombre de renseignements utiles; par M. Aniel, agrégé de l'Université, professeur au lycée de Lyon. 8 feuilles jésus, coloriées. Prix en feuilles. 6 fr.

Le collage sur toile des huit feuilles vernies, formant un beau tableau de 2m,20 de largeur sur 1m,40 de hauteur, avec gorge et rouleau, se paie en sus. 10 fr.

www.ingramcontent.com/pod-product-compliance
Lightning Source LLC
LaVergne TN
LVHW050502160826
845677LV00003B/900
* 9 7 8 2 3 2 9 6 4 6 0 0 8 *